AF609340

Additional material to this book can be downloaded from http://extras.springer.com

ISBN 978-3-662-23731-1 ISBN 978-3-662-25830-9 (eBook)
DOI 10.1007/978-3-662-25830-9

Die in den Sitzungsberichten Abtlg. I und Abtlg. IIa der math.-nat. Klasse der Österr. Ak. d. Wiss. erscheinenden Abhandlungen werden auch einzeln abgegeben. Sie können durch jede Buchhandlung oder direkt durch die Auslieferungsstelle der Österreichischen Akademie der Wissenschaften (Wien I, Singerstraße 12) bezogen werden.

Nachfolgende Abhandlungen aus den Fächern **Geologie, Mineralogie** und **Geographie** sind erschienen:

1953 (S I Bd. 162):

Cornelius-Furlani Marta: Beiträge zur Kenntnis der Schichtfolge und Tektonik der Lienzer Dolomiten (Erster Beitrag, mit 2 Tafeln und 1 Profil). S 8.90

Hanselmayer J.: Beiträge zur Sedimentpetrographie der Grazer Umgebung III. S 4.40

Kümel F.: Das Faltenland von Mosul (mit 6 Textabbildungen und 4 Tafeln). S 37.50

Medwenitsch W.: Dritter vorläufiger Aufnahmsbericht über geologische Arbeiten im Unterengadiner Fenster (Tirol). S 3.70

Schroll E.: Über Unterschiede im Spurengehalt bei Wurtziten, Schalenblenden und Zinkblenden (mit 2 Textabbildungen). S 21.90

1954 (S I Bd. 163):

Haberlandt H.: Lumineszenzuntersuchungen an Fluoriten und anderen Mineralien V (mit 1 Tafel). S 19.60

Hanselmayer J.: Beiträge zur Sedimentpetrographie der Grazer Umgebung IV. Der schwarze diluviale Hochflutlehm (Terrassenlehm) von Gleisdorf (mit 1 elektronenoptischen Aufnahme). S 6.20

Luithlen Helga: Kristallographische, optische und röntgenographische Untersuchungen von mehreren organischen Substanzen (mit 6 Textabbildungen). S 9.90

Osberger R.: Die Geologie des Sibumbungebirges, nebst Beschreibung der hier und in benachbarten Gebieten liegenden Erzvorkommen (Mittel-Sumatra) (mit 6 Textabbildungen und 4 Beilagen). S 42.—

Schmidt W. J.: Geologie und Erzführung der Chromitkonzession Basören (Anatolien) (mit 3 Textabbildungen und 1 Beilage). S 17.—

1955 (S I Bd. 164):

Cornelius-Furlani Marta: Beiträge zur Kenntnis der Schichtfolge und Tektonik der Lienzer Dolomiten (mit 4 Tafeln und 1 Blockstereogramm). S 16.80

Petraschek W. E. jun.: Großtektonik und Erzverteilung im mediterranen Kettensystem (mit 4 Textabbildungen). S 13.90

Pippan Therese: Geologisch-morphologische Untersuchungen im westlichen oberösterreichischen Grundgebirge (mit 1 Karte). S 17.40

Rosenberg G.: Einige Beobachtungen im Nordteil der Weyrer Struktur (Nördliche Kalkalpen und Klippenzone) (mit 1 Textabbildung). S 10.90

Rosenberg G.: Zur Deckengliederung in den östlichen Weyrer Bögen. Nördliche Kalkalpen (mit 1 Tafel). S 14.30

Sedlacek A. M.: Sande und Gesteine aus der Südlichen Lut und Persisch-Belutschistan (mit 7 Textabbildungen und 1 Tafel). S 34.10

1957 (S I Bd. 166):

Hanselmayer J.: Beiträge zur Sedimentpetrographie der Grazer Umgebung IX. Die Chonetenschiefer des Grazer Paläozoikums (mit 5 Tafeln). S 23.90

Neubauer W. H.: Die Südgrenze der Rhodopen. Ein Beitrag zur stratigraphischen Auflösung des Kristallins auf der Halbinsel Chalkidike (mit 5 Textabbildungen und 2 Beilagen). S 16.20

Scharbert H. G.: Die Grüngesteine der Großvenediger-Nordseite (Oberpinzgau, Salzburg) I (mit 4 Textabbildungen). S 19.80

Ergebnisse klimamorphologischer Untersuchungen im Wienerwald

Von KONRAD WICHE

Mit 2 Textabbildungen, 2 Tafeln und 1 Beilage

(Vorgelegt in der Sitzung am 27. März 1958)

Mit der Erforschung des Wienerwaldes ist der Name GUSTAV GÖTZINGER aufs engste verbunden. In seiner 1907 in PENCKS Geographischen Abhandlungen erschienenen Dissertation hat GÖTZINGER jene morphologischen Thesen vorgelegt, die durch Jahrzehnte uneingeschränkte Geltung besaßen. GÖTZINGER ist in unzähligen, vielfach auch geologischen Publikationen immer wieder auf sein altes Arbeitsgebiet zurückgekommen, das er in seltener Gründlichkeit kennt. Als Krönung dieser rastlosen Tätigkeit darf die Bearbeitung des Flyschanteils in der neuen, 1952 aufgelegten geologischen Karte der Umgebung Wiens durch GÖTZINGER angesehen werden, die auch wertvolle formenkundliche Angaben enthält.

GÖTZINGER galt namentlich bei den älteren Wiener Morphologen in Fragen der Reliefgestaltung des Wienerwaldes als unbedingte Autorität. HASSINGER, O. LEHMANN, SÖLCH und zum Teil auch LICHTENECKER hatten seine Anschauungen in Wort und Schrift diskussionslos übernommen. Nahezu ein halbes Jahrhundert war man sich über das Hauptproblem einig, daß der Hangschutt der Flyschberge, das *Gekriech*, in der Gegenwart entstehe und sich noch bewege, obwohl GÖTZINGER bereits 1907 (S. 74f.) eine andere Deutung bekannt war und er auch in späteren Veröffentlichungen (1933 usw.), auf Grund neuer Erkenntnisse im Gelände, die Möglichkeit des quartären Alters der Schuttdecken „unter besonderen Umständen“ (1933, S. 125) zugegeben hat. Er faßt sie jedoch bis zum heutigen Tage im wesentlichen als eine Jetztzeitbildung auf. Inzwischen hatten viele Untersuchungen das pleistozäne Alter der Wanderschuttdecken in den deutschen Mittelgebirgen erwiesen und BÜDEL hat als erster durch einen Vergleich der Beobachtungen GÖTZINGERS mit seinen eigenen im Erz- und Riesengebirge die neue Auffassung auch für den Wienerwald ausgesprochen (1937). Trotzdem erschienen die Flyschberge zahlreichen Forschern weiterhin als Ausnahme, weil in ihrem Bereich gesteinsbedingte, augenfällige Bodenbewegungen Jahr für Jahr auftreten.

In der vorliegenden Arbeit soll der Nachweis erbracht werden, daß die Formung des Flyschwienerwaldes zum überwiegenden Teil nicht in der Gegenwart (Holozän), sondern in früheren erdgeschichtlichen Epochen erfolgte, wobei ich mich in der Hauptsache auf die Wirkungen der letzten Kaltzeit beschränke. Unangetastet bleiben jedoch die Feststellungen GÖTZINGERS über Schutt- und Felsschlipfe, Rasenwälzen usw., welche Vorgänge zwar für den Wienerwald charakteristisch, aber räumlich immer beschränkt sind. Die den gewonnenen Ergebnissen zugrunde liegenden, jeweils nur kurzfristigen Studien verteilen sich auf mehrere Jahre und werden laufend fortgesetzt. Das Schwergewicht wurde zunächst auf die inneren Gebirgstäler und die sie umrahmenden Höhen gelegt. Erforderlich sind noch systematische Begehungen der randlichen Teile, um vor allem Beziehungen zwischen den Terrassen des Wienerwaldes und den jüngst untersuchten an der Donau herstellen zu können.

Periglaziale Solifluktions- und Reste warmzeitlicher Verwitterungsdecken.

Die von GÖTZINGER für rezent gehaltenen Wanderschuttdecken des Flyschwienerwaldes zeigen grundsätzlich den gleichen Aufbau wie die dem Quartär angehörenden der deutschen Mittelgebirge, einschließlich des österreichischen Anteils am Böhmischen Massiv (Mühl- und Waldviertel). Im Normalprofil liegt den im Wienerwald immer steil aufgerichteten Gesteinsbänken eine Übergangszone auf, in der die mechanisch gelockerten Schichtköpfe unter dem Druck der solifluidal darüber hinweg bewegten Lockermassen umgebogen, zerbrochen und schlierenartig auseinandergezogen sind. Die Haken benachbarter Schichten sind oft übereinander geschoben, wodurch die Pseudoschichtung in der Schuttdecke entsteht. Zu oberst folgt der von höheren Hangteilen stammende Fremdschutt, in dem unter den gröberen Komponenten harte Gesteinsbrocken überwiegen und in den der rezente Boden, zumeist ein dunkler, humusreicher Waldboden, eingreift. Dessen Untergrenze zieht ungestört durch die Solifluktionsdecke, was mit einem gegenwärtigen Schuttkriechen nicht vereinbar ist und GÖTZINGER zu der Einschränkung veranlaßte, daß Bewegungen wohl stattfinden, diese aber langsamer als die Bodenbildung erfolgen. Der autochthone Verwitterungsschutt in der Übergangszone ist völlig regellos in den verschleppten Bändern verteilt, der Fremdschutt ist solifluidal eingeregelt, das heißt, er liegt plattig und zu mehr als 50% mit den Längsachsen parallel zur Hangneigung[1].

Der hohe Anteil von Grus an der Zusammensetzung der Solifluktionsdecken in den Granitgebieten wird im Flysch durch Lehm und Sand, den Verwitterungsprodukten der Sandsteine, Mergel und Tone, ersetzt. Die den härteren Schichtgliedern nahezu regelmäßig zwischengeschalteten und zumeist wasserführenden Mergel- und Tonschiefer begünstigten in hohem Maße die subterrane Verwitterung der benachbarten Gesteinsbänke und deren Abbiegung durch den Wanderschutt. Wo Schieferlagen fehlen, fehlen zumeist auch die Haken sowie das autochthone Feinmaterial, das sonst vorwiegend aus ausgepreßten Tonen besteht. In solchen Fällen setzen sich die Solifluktionsdecken hauptsächlich aus Grobschutt zusammen, der die in ihrer Lage unverstellten Schichtköpfe kappt[2]. Nicht alle Haken gehen auf Schleppungen zurück, namentlich nicht in jenen Fällen, wo die Krümmungen bereits mehrere Meter — bis zu 5 m — unter Tag einsetzen. Derartige Schichtverbiegungen sind in Steinbrüchen zu beobachten, die sehr steile, nur wenig in der Fallinie des Hanges geneigte Schichten aufschließen[3]. Auf beide Tatsachen — die Bedeutung der Ton-

[1] Viele Sandsteine und Mergel des Flyschwienerwaldes verwittern zu Platten, so z. B. jene der Altlengbacher- und Laaberschichten. Die Einregelung der Längsachsen ist generell auch im Grobschutt vorhanden. Diesbezügliche Messungen wurden nach der Methode Poser (1952) an zahlreichen Stellen des Solifluktionsschutts durchgeführt. Morphometrische Bestimmungen führten im Wienerwald bisher zu keinen brauchbaren Ergebnissen, weil sich die Kanten der allgemein wenig widerstandsfähigen Flyschgesteine rasch abnützen und verwittern. Es ist jedoch beabsichtigt, weiterhin morphometrische Auszählungen durchzuführen.

Die Angaben über die geologischen Formationen des Wienerwaldes sind der Umgebungskarte von Wien 1:75000, herausgegeben von der Geologischen Bundesanstalt, entnommen. Alle Ortsangaben erfolgen auf Grund der amtlichen Österreichischen Karte 1:25000 (Zusammendrucke), Blätter Königstetten und Klosterneuburg, Purkersdorf und Liesing sowie der provisorischen Ausgabe der Österreichischen Karte 1:50000, Blätter Neulengbach und Tulln.

[2] Das ist beispielsweise im aufgelassenen Steinbruch in Obersievering, links vom Erbsenbach, der Fall.

[3] Zu beobachten im Steinbruch südöstlich der Gaststätte Dopplerhütte, die über dem Abfall des Wienerwaldes zum Tullnerfeld, an der Straße von Neuwaldegg nach Königstetten, liegt.

schiefer und des Gebirgsdruckes für Schichtverbiegungen — hat bereits GÖTZINGER aufmerksam gemacht (1907).

Im allgemeinen beträgt die Mächtigkeit des Solifluktionsschuttes in mittleren Hanghöhen, zwischen den Gräben, 1 bis 2 m. Normalerweise nimmt die Stärke der Schuttauflage gegen die Kämme ab und gegen die Talgründe zu, wo stellenweise 5—6 m Schutt den Hangfuß verhüllt[4]. Aus der Mächtigkeit des Schuttes können allerdings keine Schlüsse auf das Volumen der periglazialen Abtragung gezogen werden, da die Akkumulationen lediglich der Bilanz zwischen Zu- und Abfuhr im Zeitpunkt der Fossilisierung der Solifluktionsdecke entsprechen. Die hangenden Partien des Wanderschuttes waren während der ganzen für die gesteigerte Schuttproduktion günstigen Klimaperiode auch in den Tälern solifluidal in Bewegung und wurden außerdem zum Teil auch von den Gerinnen verfrachtet.

Die kaltzeitliche Solifluktion war maßgeblich an der Formung der Hänge beteiligt, indem durch Korrosion Unebenheiten beseitigt oder durch Akkumulation ausgeglichen wurden. Zahlreiche Hänge, namentlich der inneren Wienerwaldtäler, ziehen mit der „Standardböschung“ von 15^0 aus den Talgründen auf die breiten, abgeflachten Rücken[5]. Der wiederholten kaltzeitlichen Hangsolifluktion verdankt der Flyschwienerwald seine typischen Muldentäler und Rücken, deren konkav-konvexer Querschnitt der Hanggestaltung durch periglaziale flächenhafte Denudation entspricht.

Im Unterschied zu den Granitgebieten, mit ihren oft viele Meter dicken tertiären oder interglazialen Grusdecken, die in situ unter dem Solifluktionsschutt liegen, sind im Flyschwienerwald Zeugen vorkaltzeitlicher Verwitterung selten. Vermutlich wirkte im nordöstlichsten, niedrigsten Teil der alpinen Flyschzone die periglaziale Abtragung gründlicher, erfaßte tiefere Schichten der Gesteinsoberfläche als z. B. im durchschnittlich höheren Böhmischen Massiv, da die sommerliche Auftautiefe eine verschiedene sein mußte. Ein im Hinblick auf die warmzeitliche Verwitterung

[4] Diese Angabe bezieht sich auf reinen Solifluktionsschutt, bei dem fluviatiler Transport ausgeschaltet ist. Beispiele finden sich an den unteren Hängen des Laabaches, talein von Mitterlaabach, im Gablitztal (vgl. Abb. 3). Die Aufschlüsse liegen in Wegeinschnitten, über mittel- und grobkörnigem Greifensteiner Sandstein, der leicht und tiefgründig zu Sand und Lehm verwittert.

[5] Hierfür gibt es prächtige Beispiele an den Quellbächen des Hirschgrabens, einem rechten Zubringer des Mauerbaches, andere am rechten Talhang des oberen Gablitztales, zwischen Alhang und Mitterlaabach.

interessanter Aufschluß befindet sich im Hirschgraben, nordwestlich von Mauerbach[6].

Der noch in Benützung stehende Steinbruch schneidet Altlengbacher Schichten an, die N 45°E streichen und unter 45° gegen SE einfallen. Das Liegende bildet im westlichen Teil des Aufschlusses ein mehrere Dezimeter starker, meist blauer oder braungrauer Sandstein, der Kohlenhäcksel enthält und kalkarm ist. Im Hangenden — vom Beschauer rechts — geht der Sandstein in blaugraue Mergel über. Beide Gesteine sind, besonders normal zu den Schichtflächen, stark geklüftet. Die Spalten sind teilweise mit erdigem, morschem Material ausgefüllt, in dem Kalkausscheidungen ziemlich häufig sind. Von den Klüften und Fugen wird das Gestein durch die Sickerwässer allseits stark angegriffen, was zur Entstehung millimeterdicker, rostbrauner oder violetter Verwitterungsrinden führte. Längs Sprüngen und Haarrissen blättern die Mergel schalenförmig, vor allem bei wechselnder Besonnung, von der überhängenden Rückwand des Steinbruches ab. Mit einer ziemlich scharfen Grenze, an welcher sich die Klüftigkeit sprunghaft steigert, setzen als stratigraphisch oberste Lage Plattenmergel ein, die schließlich in Mergel- bzw. Tonschiefer übergehen.

Während das Anstehende im Westteil des Aufschlusses nur von einer 50—75 cm dicken, aus Grobschutt bestehenden Solifluktionsschicht bedeckt ist, zeigt die lockere Auflage des Ostteiles ein viel komplizierteres Profil. Dort greifen in die Rückwand des Aufschlusses zwei Verwitterungstaschen in die schalig-muschelig brechenden Mergel ein, von welchen die größere 1,5 m tief ist. Im unteren und mittleren Teil der Tasche sind Mergel- oder Tonschuppen noch gut erkennbar, darüber aber zu Lehm zersetzt. Der ganze Tascheninhalt ist intensiv braun oder grau gefärbt und wird von langen, ehemaligen Klüften des Gesteinsverbandes folgenden Eisen- bzw. Manganschnüren durchzogen. Im Umkreis der Tasche sind die unverwitterten, plattigen Mergel dicht mit schneeweißen Kalkausscheidungen überzogen. Dieser Horizont reicht bis 1 m unter den Boden der Tasche, Kalkspuren aber noch viel tiefer. Den oberen Abschluß bildet eine wenige Dezimeter starke Humuszone. — Das gesamte, mit Auslaugungs- und Ausfällungshorizont gegen 2,5 m mächtige Profil stellt m. E. eine fossile (warmzeitliche), von einer dünnen rezenten Schicht überlagerte Bodenbildung dar.

An der Ostwand des Steinbruches, die hoch hinauf verschüttet ist, treten an die Stelle der Taschen zonal gegliederte Verwitterungslagen, die, im großen gesehen, ungefähr parallel zur 10° geneigten Hangoberfläche angeordnet sind. Zu unterst liegen über wenig verwitterten, zumeist von einer Kalkhaut überzogenen Schuppenmergeln ein bzw. zwei 10—20 cm breite, durch verdünnte Salzsäure stark aufbrausende, sandige Lehmbänder von hellbrauner Farbe. Darüber befindet sich eine 50, maximal 100 cm dicke, weißgraue Lehmschicht, die aus Schiefertonen hervorgegangen ist, deren kleinblättrige Textur überall gut erkennbar ist. In ihr nehmen von unten

[6] Der Aufschluß liegt rechts von der Straße, die von Mauerbach durch den Hirschgraben nach Katzelsdorf im Tullnerfeld führt, etwa 1 km vom Ortsende von Mauerbach entfernt.

nach oben weiße Kalkausscheidungen ab. Das Profil wird durch 50—80 cm mächtigen kaltzeitlichen Wanderschutt abgeschlossen, der schlagfeste, ortsfremde Sandsteinbrocken führt und durch den der braune und humose Waldboden gleichmäßig durchzieht. Die Lagen unter dem Solifluktionsschutt sind hingegen stark gestört, sind durch die Wanderschuttdecke gepreßt und auseinandergezogen worden, wobei auch die oberste Schicht des unzersetzten, jedoch gelockerten Anstehenden von den Bewegungen erfaßt wurde. Es ist auffällig, daß außer den üblichen Schleppungen in der Hangrichtung auch entgegengesetzte Verbiegungen vorkommen, die auf Froststauchungen und nicht auf den Druck der auflastenden Wanderschuttmassen hinweisen. Kryoturbationen würden eine Auftautiefe von etwa 2,5 m erfordern, ein Wert, der sich ohne Schwierigkeit in die von FINK und MAJDAN (1954) im Marchfeld gefundenen Größen einordnet[7]. Prinzipiell hat man es an der Ostwand des Aufschlusses mit der gleichen fossilen Bodenbildung zu tun wie an dessen Rückwand. Sie ist etwas weniger mächtig — mit dem Iluvialhorizont gegen 2 m — und ist durch von außen kommenden Druck und durch innenbürtige Froststauchungen mechanisch stärker verändert worden.

In einer Reihe weiterer alter und neuer Steinbrüche und sonstiger Aufschlüsse wurden gleichfalls Reste warmzeitlicher Verwitterungsdecken gefunden, bisher jedoch nirgends Profile von ähnlicher Vollkommenheit wie im Steinbruch des Hirschgrabens. Die Beobachtungen gestatten jedoch den Schluß, daß im Wienerwald, ähnlich wie im Mühl- oder Waldviertel, die oberflächennahen Gesteinspartien vor dem Einsetzen der Solifluktion chemisch stark zersetzt waren. Die alten Verwitterungsrinden wurden jedoch im Wienerwald besonders gründlich durch tiefgreifendes Hangfließen beseitigt und haben sich nur auf flachen Höhen oder, unter Akkumulationen begraben, in der Nähe der Talgründe erhalten.

In einer kleinen Sandgrube, nächst dem Talboden bei der Gaststätte Hirschgarten, ist überwiegend mittelkörniger, sehr mürber Greifensteiner Sandstein 2—3 m aufgeschlossen[8], in dem man trotz seiner Zersetzung Streichen und Fallen gut messen kann (N 60° E, 50° SE). Ferner sind Lagen eines grobkörnigen, konglomeratartigen Sandsteins eingeschlossen, der Quarzgerölle führt und teilweise fest ist. Im Hangenden wird das Gestein von Solifluktionsschutt überfahren, der viele gesunde Brocken enthält. Der Befund gleicht jenen in den vergrusten Granitoberflächen des Böhmischen Massivs.

[7] Die beiden Autoren stellten in einer Donau-(Gänserndorfer-)Terrasse bei Deutsch Wagram Kryoturbationen bis zu einer Tiefe von 3,5 m fest. Der Höhenunterschied zwischen dieser Terrasse und dem Aufschluß im Hirschgraben beträgt rund 160 m.

[8] Die Grube befindet sich gegenüber der Gaststätte, bei einem Wirtschaftsgebäude, an der Grenze zwischen Greifensteiner Sandstein und Altlengbacher Schichten. Zur Gaststätte kommt man, wenn man im Hirschgraben vom oben beschriebenen Steinbruch etwa 1,5 km talauf wandert.

Auf der Verebnung bei der Dopplerhütte reicht im neokomen Kalksandstein die mürbe Zone bis 4 m unter Tag[9]. Auf einer höheren, 2–5° geneigten Terrassenfläche im Gablitztal ist im Kalksandstein der Kahlenbergerschichten eine beim Abgraben wie morsches Holz raschelnde, bis zu 2,5 m mächtige Schicht aufgedeckt, in der sich aber der ursprüngliche Gesteinsverband noch klar abzeichnet[10]. Die Klüfte treten in den sonst hellbraunen Sanden durch ihre Manganfärbung unverkennbar hervor. Darüber ist eine 1,2 m starke Solifluktionsdecke gebreitet, die aus gelbem Lehm mit girlandenförmigen lila Bändern im Wechsel mit braunen und rötlichen Sanden sowie gerundetem Schutt besteht.

Bemerkenswert ist der Einblick, den ein aufgelassener Steinbruch im Eberhardstal, südöstlich von Königstetten, gewährt[11]. Er entblößt in einem annähernd horizontalem Hangstück mittelkörnigen, hellbraunen und grauen Sandstein, vermutlich der Altlengbacherschichten. Das in Bänken und Platten unter 30° gegen SE fallende Gestein geht nach oben in eine 30–40 cm dicke Mehlsandschicht über, die etwas verdrückt und verzogen ist. Sie ist intensiv von Kalkausscheidungen durchsetzt, die entlang von Klüften und Fugen als feinblättrige Lagen auch in den harten Fels eindringen. An einer anderen Stelle des Steinbruches ist eine mehrere Meter breite, etwa 80 cm tiefe Verwitterungstasche vorhanden, die mit hellweißem, sandigem Material erfüllt ist. Einen Abschluß bildet über einer *scharf* ausgeprägten Grenze eine 80 cm mächtige, dunkelbraune bis schwarze Wanderschuttdecke, die krümmelig und frei von Kalkausfällungen ist. — Der Aufschluß zeigt die tieferen Lagen — den Illuvial — und einen Denudationsrest des Eluvialhorizontes — eines fossilen Bodenprofils, das unter kaltzeitlichem Solifluktionsschutt begraben ist.

Ein Steinbruch auf dem Riederberg schneidet die Verwitterungs- und Solifluktionsmassen eines breiten, maximal 5° geböschten Rückens an[12]. An einer Stelle ist Sand, Lehm und Feinschutt in oberflächenparallelen Lagen sowie Kreuzschichtung bis zu 4 m aufgestapelt. Zufolge der örtlichen Geländeverhältnisse kann der Wanderschutt nur wenige Dutzend Meter zurückgelegt haben. An einer anderen Stelle erscheint unter dem rezenten Waldboden und in der Hangrichtung eingeregelten plattigen Schutt — beide Horizonte werden bis zu 70 cm mächtig — eine 1,4 m starke Zone, die hauptsächlich aus schmutzigweißen, grauen, lokal auch aus mehrminder rostig gefärbten, stark verwitterten Tonschiefern besteht, deren blättrige Teilchen zumeist deutlich in Erscheinung treten. An gröberen Komponenten enthält die Zone einzelne auseinandergezogene Plattenmergel. Der Unter-

[9] Hinsichtlich der Lage der Dopplerhütte vgl. Anm. 3. Der Aufschluß entstand 1955 aus Anlaß der Errichtung eines Gebäudes und ist seither verbaut worden bzw. verrutscht.

[10] Die Sandgrube liegt gegenüber dem Eingang zum Friedhof von Gablitz, bei einer Gaststätte (vgl. Abb. 3, Aufschluß 1).

[11] Der Steinbruch liegt auf dem rechten Talhang, etwa 80 m über dem Zusammenfluß der Quelläste des Eberhardsbaches, auf einer Wiese.

[12] Steinbruch nordwestlich des Riederbergsattels, knapp östlich der Straße, zwischen erster und zweiter Kehre (vgl. Taf. II, Fig. 1).

grund wird gleichfalls aus Tonschiefern und Mergeln in Wechsellagerung gebildet (N 75°E, 50°SE). Die Verwitterungszone ist kräftig „verwürgt“, gefältelt, in Wirbel gedreht oder steil aufgerichtet, was man aus der Lage der Tonschuppen und den hochkantgestellten Mergelplatten erkennen kann. Diese Strukturen können schwerlich durch den Druck der Solifluktionsmassen entstanden sein, weil sie von der Aufschlußwand größtenteils von vorne geschnitten werden, die normal zur einstigen Bewegungsrichtung des Schuttes verläuft. Anscheinend handelt es sich um echte Kryoturbationen, die eine Auftautiefe von etwa 2 m in einer Höhe von 380 m, das sind 220 m über dem Aufschluß bei Deutsch Wagram, voraussetzen.

Kryoturbationen sind im Wienerwald oft nicht klar genug zu identifizieren, weil selbst horizontale Hangstücke überflossen wurden, also von bewegtem Schutt bedeckt sind, soferne sich oberhalb eine, wenn auch nur schwach geneigte Böschung anschloß. Für Froststauchungen und Hakenschlagen waren größere Auftautiefen, für die ersteren auch eine starke Durchtränkung erforderlich, durch die der Gesteinsbrei erst die nötige Labilität erhielt. Beide Voraussetzungen waren in den mittleren Höhen des Wienerwaldes während der Kaltzeiten gegeben, während welcher das Gebirge keinen geschlossenen Baumwuchs trug und auch die Grasflächen, wie in den subarktischen Gebieten der Gegenwart, von Auffrierungslücken durchsetzt waren. In viel höherem Maße als heute versickerte das Wasser im Boden, das namentlich während der Schneeschmelze reichlich vorhanden war. Für kaltzeitliche und nicht rezente Solifluktion spricht eindeutig die Beobachtung, daß sich über den Resten warmzeitlicher, vornehmlich durch chemische Zersetzung entstandener Verwitterungsdecken und fossiler Böden immer nur *eine* Solifluktionsschicht befindet. Sie kann nicht zwei klimatisch so verschiedenen Epochen, wie dem Würm- und dem Postglazial, angehören. Der morphologische Beweis für das würmeiszeitliche Alter des Gekriechs ist leicht zu erbringen, weil die Solifluktionsdecke von den kleineren und größeren Gerinnen zerschnitten wird, die vielfach sogar im Anstehenden arbeiten. Dies könnte nicht der Fall sein, wenn sich die Wanderschuttdecken in nennenswerter Bewegung befänden, weil dann die Bäche akkumulieren müßten. Der Wechsel in den Vorgängen — zuerst flächenhafte Denudation, dann linienhafte Erosion — ist der Ausdruck des Klimawechsels, der sich vom Glazial zum Spät- bzw. Postglazial vollzog.

Hoch- und spätglaziale Terrassen.

Der von den Hängen abwandernde Solifluktionsschutt erfüllte die Täler des Wienerwaldes in unterschiedlicher Mächtigkeit. Diese war von mehreren Faktoren abhängig: von der Höhe, dem

Neigungswinkel, den Gesteinen und der Exposition der Hänge und von der Breite der Täler. Im allgemeinen wurden die engen Quelläste, denen nur geringe Wassermengen für die Ausräumung zur Verfügung standen, am stärksten verschüttet, während sich in den weiten, wasserreicheren Muldentälern der Schutt ausbreitete und verdünnte. In den Ursprungsgebieten der Bäche sammelte sich das kaltzeitliche Solifluktionsmaterial in präexistierenden flachen oder steilen Hangmulden bzw. Kerben. Häufig kann man in den Hohlformen die Grenze der Akkumulationen — sie stellen die untersten Teile der Hangschuttdecken dar — an dem einspringenden Winkel erkennen, der beiderseits der heutigen Einschnitte in mehr oder weniger großer Entfernung an den Hängen entlangläuft. Die Akkumulationsoberfläche ist ausgeglichen und sowohl gegen den Talweg als auch talaus geneigt. Der genannte Knick bildet gleichzeitig die Grenze zwischen dem seinerzeit in seinem gesamten Profil bewegten Schutt am Hang oberhalb und dem unter die Auftautiefe reichenden, weil zu mächtigen Schutt unterhalb. An der Ausmündung der Quellgräben in die weiten Täler breitete sich der Schutt fächerförmig aus, wodurch es in den Mulden zu lokalen Aufhöhungen kam.

In den obersten Talverzweigungen wurde das Solifluktionsmaterial nach dem Stillstand der periglazialen Hangdenudation durch scharf eingerissene Gräben, den bekannten Tobeln, zerschnitten, deren Hänge bis zu 45° steil sind. Oben werden die jungen Einschnitte durch eine prägnante Kante begrenzt — auf diese hat schon GÖTZINGER (1907) hingewiesen —, in der sich die steilen Tobelhänge mit der flacheren Solifluktionsdecke verschneiden, die sich ihrerseits mit den Talhängen verflößt bzw. an dem erwähnten Knick endet. Die die Tobel begleitende schräge Terrasse ist mit wenigen Ausnahmen keine fluviatile Erosions- und nie eine fluviatile Akkumulationsform. Sie ist der unterste Teil der mit Solifluktionsmassen bedeckten periglazialen Hänge. Zum Unterschied von fluviatilen Terrassen bezeichne ich sie als *Solifluktionsterrasse* (Taf. I, Fig. 1). Diese ist unter den Terrassen des Flyschwienerwaldes die markanteste Leitform und ihre Talkante markiert den Wechsel der morphologisch wirksamen Kräfte, der sich als Folge des Klimaumbruchs während der letzten Kaltzeit vollzog.

Da die überwiegende Mehrzahl der Gerinne heute auf den ganzen Tobelstrecken im Anstehenden erodiert, gewähren diese gute Einblicke in den Aufbau und die Mächtigkeit der periglazialen Talverschüttung. Zunächst ist festzustellen, daß der solifluidale Hangschutt auch in den Gründen der Gräben keine nennenswerte fluviatile Umlagerung erfahren hat. Er ist unsortiert und nie geschichtet. In das Feinmaterial sind häufig grobe Blöcke — bis zu 2 m Seitenlänge — eingelagert oder sind in die Tobelgründe verstürzt. Örtlich, zumeist im Zwiesel zweier Gräben, ist die Solifluktionsterrasse fluviatil überarbeitet. An solchen Stellen ist sie wie Flußterrassen glatt und eben und stößt mit einer oft deutlichen Unterschneidungskerbe vom Talhang ab. Da aber auch in diesen Fällen in den Lockermassen keine Schichtung auftritt, handelt es sich nicht um Akkumulations- sondern um Erosionsflächen, die am Zusammenfluß zweier Gerinne in den Solifluktionsschutt eingeschnitten wurden.

Der Felssockel, der in den Tobeln unter dem Schutt zum Vorschein kommt, steigt ebenso wie die Oberfläche der Solifluktionsterrasse in zwei Richtungen, talein und hangwärts, an, ist also nicht durch fluviatile Seitenerosion entstanden. Die Mächtigkeit der Auflagerung nimmt vom Ursprung bis zur Ausmündung der Tobel in die Muldentäler allmählich zu, dann aber rasch ab. Die bedeutendsten Akkumulationen wurden in den Gräben am Nordabfall des Schöpfls (890 m) konstatiert.

Der Graben, der zwischen den höheren Felsterrassen mit dem Gscheid- und Rabenhof die Mulde des Schöpflbaches betritt, ist an seiner Mündung eine enge, gefällsreiche Schlucht. Sie ist mindestens 15 m tief von Sanden, kleinerem und größerem, wirr gelagertem Blockwerk erfüllt. Über der Kante des Tobels, dessen Grund das Anstehende gerade noch erreicht, zieht links vom Bach die Solifluktionsterrasse talein und verflößt sich mit dem Talhang. Die Böschung der Terrassenoberfläche wird von seichten, trockenen oder wasserführenden Gräben angezeigt, die unter spitzem Winkel auf die Tobelkante treffen. Talein nimmt die Mächtigkeit des Solifluktionsschuttes allmählich ab und der Tobel verliert sich schließlich unter dem Schöpflkamm in einer steilen Hangdelle. Talaus sinkt die Schutt- und Tobeltiefe innerhalb weniger Dutzend Meter auf 7—8 m, und die Solifluktionsterrasse des Grabens geht in jene des Schöpflbaches über, deren Kante stellenweise bloß 3—5 m über dem Talweg liegt.

Den Beobachtungen ist zu entnehmen, daß beim Transport des periglazialen Hangschuttes aus den Tobeln fließendes Wasser keine erhebliche Rolle gespielt haben kann, sondern daß sich Muren bzw. Schuttströme in die Muldentäler ergossen, ähnlich den gegenwärtigen in den Tälern Spitzbergens, die von POSER beschrieben wurden (1936). Die Hauptbewegungen können nur im Frühjahr, nach der Schneeschmelze und nach dem Auftauen der oberen Bodenschicht, also bei starker Durchfeuchtung des Solifluktionsmaterials, und wahrscheinlich über einer Tjäle stattgefunden haben. Letztere kann allerdings im solifluidal durchmischten Hangschutt schwer nachgewiesen werden. Anzeichen für fluviatile Tätigkeit sind in den Quellästen selten. Kräftigere Bäche dürfte es

Fig. 1. Die hocheiszeitliche (Würm) Solifluktionsterrasse in einem Muldental des Wienerwaldes. Auf der späteiszeitlichen Akkumulationsterrasse darunter mäandrierten die Bäche und schnitten die höhere Stufe bogenförmig zurück. Phot. K. Wiche.

Fig. 2. Gekrümmte Trockenfurchen am rechten Hang des Eberhardstales, südöstlich von Königstetten. Die Furchen entstanden im Anschluß an flächenhafte Grundwasseraustritte, im Spätglazial, als der Hangschutt infolge des Tauens des Dauerfrostbodens vorübergehend mit Feuchtigkeit übersättigt war. Phot. K. Wiche.

lediglich während einer kurzen Zeitspanne im Jahr, während der Schneeschmelze, bei noch gefrorenem Boden, gegeben haben. Im kurzen kaltzeitlichen Sommer waren die Gerinne, ähnlich wie heute in den Tobeln, klein. Sie schnitten sich vermutlich auch ein, jedoch wurde ihre Kerbe von der Solifluktion des nächsten Frühjahres wieder aufgefüllt. Bei extremer Wasserführung, infolge plötzlich einsetzenden Tauwetters, konnten sich die Bäche gegenüber dem Solifluktionsschutt wohl vorübergehend durchsetzen und bedeutendere Transportleistungen sowie Seitenarbeit leisten. Zu fluviatiler Akkumulation ist es jedoch nicht gekommen, weil die Tobel, damals wie heute, zu steil waren. Es erübrigt sich, zu betonen, daß die Bildung der Solifluktionsterrasse unabhängig von der Lage der Erosionsbasis in den Muldentälern erfolgte, sondern von oben her, von den Hinter- und Seitenhängen der Gräben und Hangdellen in deren Grund gebaut wurden. Die präexistierenden, warmzeitlichen Hohlformen, in die die heutigen Tobel eingerissen sind, wurden durch die Korrosion der Schuttströme vertieft und verbreitert, viele von den im Wienerwald häufigen seichten Hangdellen wurden sicher erst durch die periglazialen Vorgänge geschaffen.

In den oberen und mittleren Abschnitten der größeren Täler des Wienerwaldes ist die Solifluktionsterrasse noch in ihrer charakteristischen Form entwickelt, das heißt, sie steigt mit regelmäßigem konkavem Profil aus den Gründen auf die Hänge an, wodurch der muldenförmige Talquerschnitt bedingt wird (Taf. I, Fig. 1). Je weiter talaus man kommt, um so häufiger wird die Solifluktionsterrasse durch tischebene, subhorizontale Terrassenflächen ersetzt und schließlich durch diese völlig verdrängt. Aus der Solifluktionsist eine periglaziale Flußterrasse und aus dem Mulden- ein Sohlental geworden (Abb. 1 u. 2). Aber auch die fluviatilen Terrassen setzen, abgesehen von Prallstellen, nicht scharf vom Talgehänge ab, sondern verflößen sich mit diesem, weil sie randlich in periglaziale Hangschuttdecken übergehen. Die Aufschlüsse in den fluviatilen Würmterrassen zeigen in den Sohlentälern im Durchschnitt undeutlich geschichtete, schlecht gerundete und oft sehr grobe Gerölle. Erst gegen den Gebirgsrand zu werden die Merkmale des Flußtransportes allein herrschend.

Beachtenswert ist die Tatsache, daß es im Flyschwienerwald sehr geräumige Täler gibt, in denen, wie z. B. im Gablitztal, die Leitform nur als Solifluktions-, nicht als Flußterrasse ausgebildet ist und die daher ein vollkommenes Muldenprofil besitzen. Auch bis in deren Gründe muß während der Kaltzeiten die Solifluktion eine dominierende Rolle gespielt haben. Dies geht einwandfrei aus

Schichtschleppungen auf den Talgründen hervor, die von genau derselben Beschaffenheit sind, wie die Haken unter dem Solifluktionsschutt der Hänge. Der beste Aufschluß war in einer Baugrube am linken untersten Talhang, nordwestlich von Gablitz, sichtbar[13].

Der Aufschluß müßte nach der geologischen Karte in Greifensteiner Sandstein liegen, befindet sich aber m. E. in Altlengbacher Schichten. Er zeigte zuunterst 1,3—1,5 m blaugraue, von Kalzitadern durchzogene Mergel, die durch Eisen und Manganausscheidungen stark verfärbt sind. Die relativ harten, in Platten zerlegten Mergel wechseln mit stark verwitterten, kleinblättrigen Tonen (N 60—70° E, 70° SE). Die Schichten werden von der NW—SE verlaufenden Rückwand des Aufschlusses unter spitzem Winkel geschnitten. Über dem Anstehenden lagert ein 3,2 m mächtiges Lehmpaket, in dem die zu engen Haken geschlagenen, auseinandergezogenen Mergel und Tone im Schnitt horizontale, gefältelte Bänder ergeben, die den Eindruck erwecken, als wären die Schichten talaus verschleppt worden. In den oberen Lagen des Lehmpaketes werden die Mergeltrümmer durch Fremdschutt, schlagfesten Sandsteinbrocken, ersetzt. Die Wanderschicht wird von einem 1—1,2 m starken Humusboden, der eine hellere Kulturschicht trägt, bedeckt. Der Hang über dem Aufschluß ist zunächst nur 5° geneigt, steigt dann etwas steiler bis zu einem etwa 60 m höheren Rücken an. Der Weg, den der Solifluktionsschutt bis zur Baugrube zurückgelegt hat, war kaum 500 m lang.

Die Seitenhänge der Grube zeigen ein dem Talweg näheres Stück des über eine Strecke von mehr als 10 m entblößten konkaven Felskernes des Hanges. Auch hier sind die Mergel und Tone unter dem Druck der Wanderschuttmassen geknickt und verschleppt worden. Das Anstehende liegt an dieser Stelle bloß 3—4 m über dem Spiegel des Baches, der die Schuttmassen knapp durchsunken hat.

Man kann aus dem Befund im Gablitztal, wie aus solchen in anderen Muldentälern, schließen, daß die Solifluktion selbst in längeren und breiten Hohlformen die Flußtätigkeit erheblich hemmte. Das gilt z. B. von Tälern von der Länge und dem Einzugsgebiet des Gablitz-, des oberen und mittleren Mauer- und des Tullnerbaches, während in größeren Flußgebieten, wie dem der Großen Tulln und der Wien, die mittleren und unteren Abschnitte der Sammeladern Sohlentäler und fluviatil geprägt sind. Aus dem Aufschluß bei Gablitz und vielen anderen geht hervor, daß die durch die Solifluktion sehr stark mitgestalteten Böden der Muldentäler am Ende der Periglazialzeit ihre derzeitige Höhenlage bereits

[13] Die Grube wurde 1957 für einen Garagenbau ausgehoben und erschloß in breiter Front den Hangfuß. Sie ist bereits vermauert; die Verhältnisse wurden jedoch photographisch festgehalten. Die Grube befand sich knapp vor der ersten Brücke über den Gablitzbach, wenn man der Straße von Gablitz in der Richtung Riederberg folgt (Aufschluß 2, Beilage).

besaßen oder nur unwesentlich höher lagen. In diesen gefällsarmen Talabschnitten arbeiten die Bäche heute praktisch noch in ihren Aufschüttungen. Wie die Schichtverbiegungen und Verschleppungen bei Gablitz erweisen, war die Schuttkorrosion auch auf den Muldenböden kräftig am Werk, zumindest so lange, als die Schuttmächtigkeit die Auftautiefe nicht überstieg. Dieser Umstand kann erst relativ spät eingetreten sein, weil die Felskerne der unteren Hänge wie die Oberflächen der Solifluktionsdecken ein konkaves Profil besitzen, was nicht der Fall wäre, wenn die Hangfüße durch längere Zeiträume unter unbewegten Schuttmassen begraben gewesen wären. Zum Vergleich sei erwähnt, daß der Sockel der nächst höheren und älteren Terrasse, so wie die würmeiszeitliche, einen muldenförmigen Querschnitt besitzt. Beide Formen sind auf die gleiche Art, im wesentlichen durch die periglaziale Hangdenutation, entstanden[14].

Unter der würmeiszeitlichen Leitform, die, wie noch zu erweisen sein wird, dem Hochglazial angehört, ist in den Mulden- und Sohlentälern des Wienerwaldes generell eine niedrige Terrasse verbreitet, die sich wesentlich von der ersteren unterscheidet. Sie bildet häufig die Talsohle als weitgehend ausgeglichene Fläche, die zumeist mit gut ausgeprägter Kehle an den unterschnittenen Steilhängen der Solifluktionsterrasse absetzt. Die untere Terrasse ist bloß 1,5—2,5 m hoch und reicht als schmales, oft unterbrochenes Band verschieden weit — je nach deren Steilheit — in die Tobel zurück. Sie zieht im Gegensatz zur Solifluktionsterrasse mit regelmäßigem Gefälle talaus, zugleich an Abstand zum Bachbett gewinnend. An der Ausmündung von Seitengräben sind der niederen Terrasse flache Schwemmkegel aufgesetzt; an den Talrändern kommen gelegentlich Buckel vor, wenn die Kante der Solifluktionsterrasse auf die untere Fläche verrutscht ist. Ziemlich oft sind in die Terrassenflur moorige Dellen eingesenkt, in denen sich im Frühjahr das Schmelzwasser auf undurchlässiger Unterlage staut.

Die untere Terrasse ist im Wienerwald ausschließlich eine fluviatile Akkumulationsform, ein gegenüber der Leitform selbständiger Baukörper (Abb. 1 und 2). Das wird sowohl aus ihrer Oberflächengestaltung als auch aus ihrer Zusammensetzung klar. Erstere weist stellenweise die Gestalt langgestreckter, in der Längsrichtung des Tales eingeschütteter Schwemmkegel mit konvexem Querschnitt auf. Am Aufbau nehmen alle jene Komponenten teil,

[14] Eindeutige Reste des rißeiszeitlichen Muldenbodens finden sich z. B. an mehreren Stellen im Tal der Großen Tulln. Sie liegen dort 10—15 m über dem gegenwärtigen Talgrund.

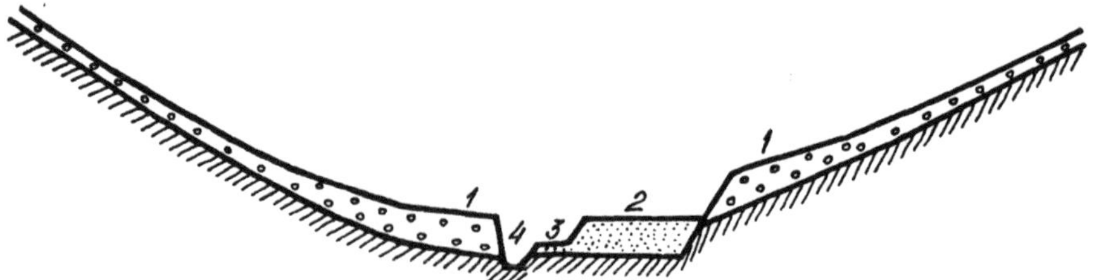

Abb. 1. Schematischer Querschnitt durch ein Muldental des Flyschwienerwaldes. 1 Hochglaziale (Würm-) Solifluktionsterrasse in periglaziale Hangschuttdecke übergehend. 2 Spätglaziale Flußterrasse. 3 Rezente Hochwassersohle. 4 Bacheinschnitt.

die die Solifluktionsdecken zusammensetzen, aus der die Bäche ihr Material bezogen. Es ist in der unteren Terrasse jedoch durch den fluviatilen Transport sortiert und geschichtet worden. Mit einem sehr hohen Anteil sind Aulehme vertreten, die sich aus dem Feinmaterial bildeten, das aus den Wanderschuttdecken in die Talgründe verschwemmt wurde. Sonst sind es Sande und je nach der

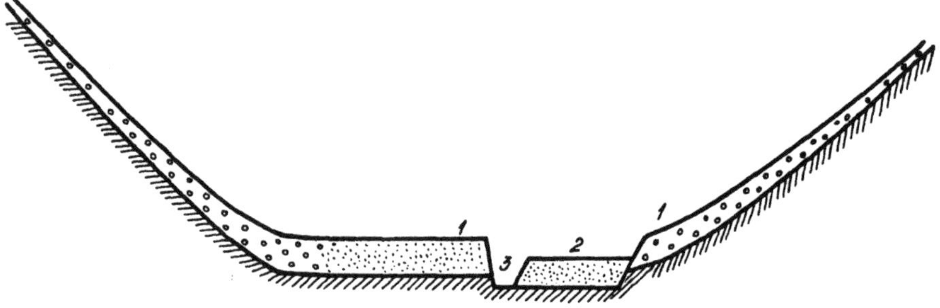

Abb. 2. Schematischer Querschnitt durch ein Sohlental des Flyschwienerwaldes. 1 Hochglaziale (Würm-) Flußterrasse in periglaziale Hangschuttdecke übergehend. 2 Spätglaziale Flußterrasse. 3 Bacheinschnitt.

Länge der Verfrachtung kantiger Schutt oder Gerölle. Die Eigenständigkeit der unteren Terrasse geht auch daraus hervor, daß ihre Aufschüttungen bis unter den Sockel der Solifluktions- bzw. der äquivalenten fluviatilen Terrasse des Hochglazials reichen. Einen diesbezüglichen Einblick vermittelt u. a. der Bacheinschnitt im Sohlental der Großen Tulln, bei Altlengbach[15].

Links vom Bach bildet die hochglaziale Terrasse, die hier die Solifluktionsform ersetzt, eine ausgedehnte Flur, rechts ist die untere Terrasse

[15] Der Aufschluß liegt an der Brücke, nach welcher die Straße aus dem Großen Tullntal in jene von Altlengbach mündet, bei einem Sägewerk.

breit entwickelt. Die 7—8 m hohe linke Uferwand in der hocheiszeitlichen Terrasse zeigt zumeist gut gerundete oder plattige Geschiebe, die im allgemeinen nicht über Kopfgröße hinausgehen und die durch ein sandiges Bindemittel mäßig verbacken sind. Auffällig ist die zonenweise blauschwarze bzw. rostbraune, auf die ehemalige Lage des Grundwasserspiegels hinweisende Verfärbung der Gerölle. In den der Oberfläche nächsten Lagen der Schotter sind manche Gerölle nach ihrer Ablagerung vom Frost gesprengt worden. Das Hangende bildet eine 40—50 cm dicke Aulehmschicht. Der Komplex liegt einem Felssockel auf, dessen Kante 3—3,5 m über dem Bach ausstreicht (Gesamtmächtigkeit der Auflage etwa 4 m). Auf dem rechten Ufer reichen die Ablagerungen der unteren Terrasse bis an den Bachspiegel, an dem das Anstehende sichtbar wird. Unter einer 40—50 cm mächtigen Aulehmschicht stehen 3—3,5 m gut gerundete und geschichtete Schotter an, die locker, unverfärbt und auch nicht vom Frost gesprengt sind.

Aus den Feststellungen an der Großen Tulln und an anderen Wienerwaldbächen kann man folgern, daß auf die Zerschneidung der hocheiszeitlichen Solifluktions- oder äquivalenten Flußterrasse, ungefähr bis zur heutigen Taltiefe, eine Periode der Seitenerosion folgte, während welcher in den Sockel der Leitform gebietsweise die Felssohle der unteren Terrasse eingeschnitten und deren Lockermassen aufgeschüttet wurden, die wir ins Spätglazial stellen, wie noch zu begründen sein wird. Diesen Vorgängen folgte neuerliche Tiefenerosion und die Bildung einer jüngsten, holozänen Terrasse, der Hochwassersohle, die in den inneren Wienerwaldtälern immer sehr schmal und niedrig ist (50—75 cm). Sie trägt gelegentlich einen Auengürtel mit Rinnen und Altwässern. Die spätglaziale, fluviatile Terrasse entstand im Gegensatz zur Solifluktionsform von unten nach oben, gesteuert vom Erosionsniveau der Donau.

Eine spezielle Betrachtung verdient die Asymmetrie der unteren, talbodennahen Querschnitte vieler Muldentäler des Flyschwienerwaldes, die durch einseitige Unterschneidung der Hänge entstanden sind. Diesbezüglich sind besonders jene Täler interessant, in denen die Bäche ständig von einer Talseite zur anderen pendeln, obwohl die Täler über Kilometer ihre Richtung und die Exposition ihrer Hänge nicht ändern. Von den im ganzen Verlauf ungleich geböschten Tälern (Schleppentäler), für die es im Wienerwald gleichfalls zahlreiche Beispiele gibt, wird in dieser Veröffentlichung abgesehen, da die einschlägigen Beobachtungen noch nicht ausreichen, um Gesetzmäßigkeiten nach der Auslage der Hänge ableiten zu können. Hinsichtlich der Größe des Krümmungsradius der in asymmetrischen Mulden auftretenden Flußbögen ergeben sich Unterschiede zwischen kurzen, engen und längeren, weiten Tälern.

In den kleinen Muldentälern beschreibt der Bacheinschnitt eingesenkte Mäander, die als offene Mäander auf der Solifluktionsterrasse angelegt wurden, auf der wechselseitig, einmal von links, einmal von rechts, schmale Schuttzungen ins Tal vorstießen und den Bach zum Ausweichen zwangen. Nach dem Ende des periglazialen Hangfließens und mit dem Wiederaufleben der Flußtätigkeit schnitten sich die Bäche an Ort und Stelle ein und verzogen die Mäanderbögen in die Breite und talab. Dadurch entstanden prächtige Gleithänge in den gegen die Talmitte vorspringenden Spornen der Solifluktionsterrasse und steile Prallhänge, deren Kante hoch über dem Boden der gegenüberliegenden Solifluktionsterrasse liegt (vgl. Abb. 1). Während des Einschneidens gerieten die Bäche lokal ins Anstehende und legten epigenetisch winzige Klammen an. Die Prallhänge liegen größtenteils im Fels. Die Abfälle der Mäandersporne zur spätglazialen Terrasse oder zum Bach sind oft nur wenige Meter hoch.

Von den Mäandern, die während der Tiefenerosion bei der Zertalung der Solifluktionsterrasse entstanden, sind jene zu unterscheiden, die auf der Akkumulationsfläche der oft breit entwickelten spätglazialen Terrasse zur Ausbildung kamen. Durch die Seitenerosion auf der unteren Würmstaffel wurde die Hauptarbeit bei der Zerstörung der Solifluktionsterrasse vollbracht. Die Bäche griffen mit verschieden großen Bögen in diese ein und schnitten sie mehrminder weit an die Talränder zurück, wo deren Kante in der Längsrichtung des Tales auf und ab schwingt und oft schwer zu koordinieren ist. Von der Solifluktionsterrasse während der Tiefenerosion eingesenkte Zwangsmäander und freie Sohlenmäander auf der Flur der spätglazialen Terrasse sind im Wienerwald so häufig, daß keine Beispiele angeführt werden brauchen.

In den geräumigen Muldentälern mit weitausladenden Flachhängen vollführen die Bäche regelmäßige Bögen mit großem Krümmungsradius, die man aber nicht als Mäander bezeichnen kann. Die besten Beispiele bietet das Gablitztal, das zunächst in W—E-, von Alhang ab bis zum Wiental in NW—SE-Richtung verläuft (vgl. hierzu Beilage). In beiden Abschnitten untergräbt der Bach einmal die eine, dann die andere Talseite, ohne daß sich ein Zusammenhang zwischen den Ausbiegungen und der Hangexposition erkennen ließe. An der Innenseite der Flußbögen, die wieder durch intensiveres, aber in breiter Front vor sich gehendes Hangfließen verursacht wurden, reicht die Solifluktionsterrasse weit ins Tal hinein, während sie auf der Gegenseite stellenweise fehlt. Hier zeigt eine Kante das unterschnittene Ende des flach auslaufenden Solifluktionshanges an, wodurch die Asymmetrie der unteren Muldenhänge verursacht wird. Die gedachte Verlängerung der Böschung der unteren Hänge gegen die Talmitte streicht wieder hoch über dem heutigen, von der Solifluktionsterrasse gebildeten Talgrund aus. Dies bedeutet, daß die Asymmetrie schon auf der Leitform vorhanden war und daß sich die Bögen des Baches von dieser auf die spätglaziale Terrasse bzw. die holozäne Hochwassersohle vererbt haben. Wie stark die Hangsolifluktion die Flußtätigkeit beeinträchtigte, geht allein daraus hervor, daß die Schwemmkegel mancher größerer Seitengerinne den Hauptbach nicht abzudrängen vermochten, was im gegenwärtigen Klima normalerweise der Fall ist. Die spätglaziale Terrasse ist im Gablitztal bloß schmal entwickelt, zumeist nur wenige Meter in die Solifluktionsterrasse eingesenkt und von dieser durch flache Abfälle getrennt; relativ selten greifen schärfer begrenzte, alte Bachschlingen in die höhere Stufe ein, die von GÖTZINGER vermutungsweise gleichfalls der Würmeiszeit zugeordnet wurde.

Für die genauere Fixierung des Zeitpunktes, in dem sich der Übergang von der periglazialen Denudation zur fluviatilen Tiefenerosion vollzog, ergeben sich aus den Lagebeziehungen von Lößsedimenten zur Solifluktionsterrasse eindeutige Anhaltspunkte. Nun kann auch die bereits vorweggenommene Datierung der Terrassen im Wienerwald begründet werden. Der würmeiszeitliche Löß ist nach unserem gegenwärtigen Wissensstand im Spätglazial ausgeweht und akkumuliert worden. Ein größeres Vorkommen findet sich im oberen Mauerbachtal[16].

Die Solifluktionsterrasse ist an dieser Stelle beiderseits bis an den Rand des Talgrundes zurückgeschnitten. Ihre Kante endet rechts 7—8 m über dem Bach. Am Westende des künstlichen Walles ist eine Lößwand 5 m hoch aufgeschlossen. Es ist geschichteter, von Menschenhand ausgehöhlter Primärlöß, der zahlreiche unzerdrückte Schneckengehäuse und Kalkkonkretionen enthält. Er reicht fast bis an den Bach, ist also erst nach der Zerschneidung der Solifluktionsterrasse eingeweht worden.

Aus den klaren Lagerungsverhältnissen im Mauerbachtal sowie anderen einschlägigen Aufschlüssen im Wienerwald ergibt sich mit Sicherheit, daß sowohl die Bildung der Solifluktionsterrasse samt ihres fluviatilen Gegenstückes in den Sohlentälern als auch deren Zerschneidung bis zur heutigen Taltiefe bzw. bis zu wenigen Metern darüber schon vor der Lößzeit abgeschlossen war. Die Solifluktionsdecken und deren Verlängerung in den Muldentälern, die Solifluktionsterrassen, sind demnach im Früh- und Hochglazial entstanden. Die Zertalung erfolgte mit dem Klimaumbruch vom Hoch- zum Spätglazial, der in den inneren Alpen durch einen

[16] Das Vorkommen liegt im Tal nördlich des aufgelassenen Klosters von Mauerbach, am zweiten, quer über die Sohle gezogenen künstlichen Wall, etwa 200 m südlich der Höhe 313 (Blatt Königstetten-Korneuburg 1:25000).

Gletscherrückgang gekennzeichnet war. Wegen der Mächtigkeit des durch Leimenzonen nicht gegliederten Lößes im Mauerbachtal, für dessen Ablagerung ein längerer Zeitraum erforderlich war, muß die Tiefenerosion ziemlich rasch vonstatten gegangen sein, was auf einen raschen Klimawechsel vom Hoch- zum Spätglazial schließen läßt. Sie wurde durch Seitenerosion abgelöst, während welcher die Bäche ihre Sohle im Muldenboden verbreiterten. Auf diesem Felssockel wurden die Aulehme und Gerölle der unteren fluviatilen Akkumulationsterrasse abgesetzt.

Diese Terrasse unter der hocheiszeitlichen Solifluktionsform stellt einen Indikator für eine neuerliche Klimaverschlechterung dar. Sie kann allerdings nicht während der Lößzeit geschaffen worden sein, weil sie nie von Löß bedeckt ist oder erkennbare Lößeinschlüsse birgt. Als Zeitraum für die wieder einsetzende fluviatile Akkumulation kommt die noch zum Spätglazial zählende jüngere Tundrenzeit in Frage, die nach dem wärmeren Alleröd einen Kälterückfall brachte, der Gletschervorstöße im Gebirgsinneren verursachte. Es ergibt sich somit eine Parallele zwischen den Terrassen des Wienerwaldes und jenen des Harzes, in dem POSER und HÖVERMANN (1951) gleichfalls zwei Würmterrassen feststellten, von welchen die obere dem Hoch-, die untere dem Spätglazial zugeordnet wurden. Allerdings ist die jüngere im Wienerwald eine Akkumulations- und nicht wie im Harz eine Erosionsform. Auch für ein Wiederaufleben der Solifluktion während der jüngeren Tundrenzeit konnten im Wienerwald, im Gegensatz zum Harz, bisher keine Anzeichen entdeckt werden. Die Bildung der spätglazialen Terrasse wird jedoch ohneweiters allein aus der Tatsache verständlich, daß sich jede Klimaverschlechterung in unseren Breiten in stärkerer Frostverwitterung und daher erhöhter Schuttlieferung auswirkt. Es ist außerdem anzunehmen, daß während der jüngeren Tundrenzeit eine höhere und länger dauernde Schneedecke vorhanden war, als im vorhergehenden Alleröd. Bei raschem Schmelzen wurde auch das Flußregime wieder extremer, wodurch größere Schuttmassen aus den Tobeln in die Muldentäler befördert werden konnten und dort ausgebreitet wurden.

Trockenfurchen.

Im Flyschwienerwald sind kurze, seichte Gräben häufig, die höchstens zur Zeit der Schneeschmelze oder nach Regengüssen von Wasseradern durchmessen werden. Sie sind bisher wenig beachtet worden. Die Furchen sind nur in die Solifluktionsdecke, ausnahmsweise auch seicht in das Anstehende eingeschnitten. Daher geht ihre

Additional information of this book

(Ergebnisse klimamorphologischer Untersuchungen im Wienerwald; 978-3-662-23731-1) is provided:

http://Extras.Springer.com

durchschnittliche Tiefe nicht über einige Meter hinaus. Sie treten sowohl in den Tälern, als auch auf Hängen, Rücken und Kuppen auf.

In den Tälern kerben die Furchen vornehmlich im Zwiesel zweier Talverzweigungen die Ränder der Solifluktionsterrasse. Sie beginnen einige zehn Meter oberhalb von deren Talkante als flache Einschnitte und gewinnen allmählich an Tiefe. Die Gräben enden entweder hängend über der spätglazialen Terrasse oder münden in deren Niveau aus. Die niedrigen Kerbenhänge sind stets relativ steil, die Querschnitte V-, mulden- oder kastenförmig, je nachdem wie hoch die Gräben durch seitlich eingespültes oder verrutschtes Lockermaterial aufgefüllt sind. Manche Furchen nehmen in flachen Quellnischen ihren Anfang, die jedoch in den hier betrachteten Fällen kein Wasser führen. Die typischen Trockenfurchen sind von jenen Einschnitten zu unterscheiden, die in Naßgallen (GÖTZINGER 1907 usw.) entspringen und die, wenn sie im mächtigeren Solifluktionsschutt der unteren Hangteile oder in Tonschiefer wurzeln, oft schluchtartigen Charakter annehmen[17].

Manche Trockenfurchen an den unteren Gehängen laufen auf die Solifluktionsterrasse aus. Sie können bis zu 5 m tief werden. Die meisten Furchen sind gekrümmt und laufen parallel zueinander, andere vereinigen oder durchkreuzen sich, nur wenige beginnen in Hangdellen[18].

Grundsätzlich von gleicher Art sind die Trockenfurchen auf den Höhen des Flyschwienerwaldes. Besonders zahlreich und charakteristisch entwickelt sind sie nordwestlich von Karlsdorf[19]. Sie sind in eine Fläche eingeschnitten, die der Wasserscheide zwischen zwei Muldentälern angehört. Die kurzen Gräben sind 1—2 m tief und zumeist auch so breit und werden durch wallartige, größtenteils aus Schutt bestehende Riedel geschieden. Die Kerben setzen erst etwas unterhalb (östlich) der fast horizontalen Rückenflächen ein und schwingen in konzentrischen Viertelkreisen über den 10—12^0 geböschten Hang. Es ist hervorzuheben, daß die einstigen Gerinne nicht in der Fallinie, sondern schräg zu dieser, in Bögen flossen.

[17] Seichte Schluchten im Anschluß an Naßgallen gibt es im Flyschwienerwald sehr viele. Beispiele finden sich im Tal des Groißauhofes, wieder bei einem künstlichen Wall, etwa 300 m oberhalb der Ausmündung in das Mauerbachtal.

[18] Auf schöne Hangfurchen trifft man am rechten unteren Gehänge des Eberhardstales, südöstlich von Königstetten, etwas unterhalb der Vereinigung der Quellgräben (Taf. I, Fig. 2).

[19] Karlsdorf liegt an der Straße, die aus dem Mauerbachtal auf den Tulbingerkogel führt. Am Westrand der Siedlung zweigt rechts von der Straße ein Feldweg ab. Auf der Fläche zwischen diesem und der Straße, im Wald, liegen die Furchen.

Die Trockenfurchen des Flyschwienerwaldes können wie die Tobel erst nach dem Abschluß der Solifluktion in der Schuttdecke angelegt worden sein. Außerdem war ein vorübergehend hoher Feuchtigkeitsgehalt des Bodens erforderlich, aus dem die Gerinne der Furchen gespeist wurden. Diese Voraussetzungen waren in jenem Zeitraum des Spätglazials gegeben, in dem der Dauerfrostboden auftaute und das Grundwasser „normal" zu zirkulieren begann. Die frei gewordene Feuchtigkeit trat besonders in der Nähe der in Zerschneidung begriffenen Muldensohlen an zahlreichen Stellen zu Tage, worauf die Häufung der Trockenfurchen an den Kanten der Solifluktionsterrasse, namentlich in Talzwieseln, hindeutet. Mit dem Absinken des Grundwasserspiegels bei fortdauernder Talvertiefung versiegten viele Quellen an den unteren Talhängen und die Furchen wurden funktionslos. Die kleinen Stufenmündungen der Kerben an den unterschnittenen Abfällen der Solifluktionsterrasse sind ein weiterer Hinweis dafür, daß nach dem Hochglazial die Tiefenerosion rasch erfolgte, sich also der Klimaumschwung zum Spätglazial plötzlich vollzog.

Gebietsweise, außer in der Nähe der Talböden, auch an Muldenhängen, auf Kuppen und Rücken, trat das Grundwasser flächenhaft aus, bedingt durch den hohen Lehmgehalt des Gehängeschutts. Es sammelte sich in schmächtigen Strängen, die bald wieder versiegten. Das Wasser lief in der Fallinie oder auch in Bögen ab, die durch Unebenheiten in der Schuttdecke vorgezeichnet waren. Hierfür kommen wegen der Regelmäßigkeit der geschwungenen Trockenfurchen wohl nur Solifluktionswülste in Betracht, die in gegenwärtigen Periglazialgebieten oft in ähnlich regelmäßigen Girlanden über die Hänge ziehen. Um reine Solifluktionsformen handelt es sich bei den Trockenfurchen und den wallartigen Riedeln jedoch nicht, weil erstere gelegentlich auch in den Fels eingreifen und die Merkmale erosiver Gebilde (gleichsinniges Gefälle) aufweisen.

Periglaziale Verwitterungsformen im Fels und Blockströme.

Etwas zahlreicher als man bisher meinte, sind in dem durch seine sanften Böschungen von Spaziergängern geschätzten Flyschwienerwald Formen periglazialer Felsverwitterung. Die sehr verbreiteten Denudationsstufen, Schichtrippen und -kämme, die auch GÖTZINGER in seinen Arbeiten anführt, sind zweifellos zum überwiegenden Teil durch die eiszeitliche, erheblich gesteigerte Frostverwitterung aus den Hängen und Höhen herauspräpariert worden, weil sie im Gegenwartsklima nicht erhalten, sondern zerstört werden.

Ebenso sind die Blockströme periglazialer Entstehung, von denen einige bereits von GÖTZINGER erwähnt wurden (1933).

Wie zu erwarten, nahm die Intensität der Frostverwitterung mit der Höhe zu. Im Bereich zwischen 400 und 600 m, in dem die Mehrzahl der Wienerwaldkämme liegt, sind rundliche, wenig individualisierte, spärlich mit Wändchen ausgestattete Felsköpfe häufig, mit wenigen, zumeist in situ verbliebenen abgesprengten Brocken oder lockerer Blockstreu auf den benachbarten Hängen. Für die Formung der Kämme im einzelnen war der Winkel zwischen orographischem und geologischem Streichen maßgebend. Wo die Schichten quer über den Kamm verlaufen, ist dieser, auch unabhängig von rückgreifenden Hanggräben, in vielen Fällen gewellt. Stimmen First- und Gesteinstreichen überein, entstanden Schichtkämme mit steilen, blockübersäten Traufen. Vielfach sind Schichtrippen durch Hangsolifluktion und Frostsprengung im Fels auch auf flacheren Böschungen herausgearbeitet worden. Sie treten als niedere Stufen in Erscheinung, sind von Wanderschutt verhüllt oder, je nach dem Gestein, von kleineren oder größeren autochthonen Blöcken bedeckt. Die von Verwitterungsschutt bedeckten Rippen sehen oft wie Schuttwälle aus. Ein mustergültiges Beispiel zeigt der linke Hang des Tales von Eisenbad, südöstlich von Königstetten[20].

Am NE-Hang des Martinsberges erscheinen unvermittelt 5 „Steinwälle“, deren Richtung genau mit den Schichten übereinstimmt (N 45° E, 60° SE). Es sind völlig in Schutt zerfallene Härterippen, von denen einige über mehrere 100 m bis in die Nähe des Tobelgrundes von Eisenbad ziehen. Im Querschnitt stellen sie eine Schichttreppe dar, die zu einem Graben im SE absteigt. In die Treppenfluren sind in vermutlich weniger widerständigen Schichtgliedern langgestreckte, seichte Dellen eingelassen, in denen Solifluktionsschutt liegt. In ihnen hält sich der angehäufte Schnee länger als auf den Schuttwällen. Dies war sicher auch während der Kaltzeiten der Fall, wodurch die Solifluktion in den Dellen und die Frostverwitterung am Rande der Schneeflecken, auf den Schichtrippen, gefördert wurde.

Selten sind in den mittleren Höhen Felswände, die man ja im Flyschwienerwald überhaupt nicht vermuten würde. Sie sind aus fluviatil geschaffenen Steilhängen, an denen der Solifluktionsschutt nicht haften blieb, durch mechanische Absprengungen entstanden. Die im übrigen stets unbedeutenden Wände liegen daher am Rande der Rücken und Kuppen, bereits im Einzugsgebiet der Gräben und nach meinen bisherigen Erfahrungen nur in Nord- und Ostexposition.

[20] Die Stelle befindet sich am NE-Hang des Martinsberges (± 450 m), ungefähr gegenüber der Kuppe des Eichberges (390 m), dessen Abfall den rechten Hang des Tales von Eisenbad bildet.

Am obersten Ende des südlichsten Quellastes des Eberhardstales, südöstlich von Königstetten, ragt eine schmale, 10—15 m hohe Wand auf, die wie ein Pfeiler aus dem Hintergehänge vorspringt (±360 m). Sie besteht aus Sandstein der Altlengbacher Schichten, der, wie nahezu alle Flyschgesteine, in der Gegenwart chemisch leicht verwittert. Alle Kanten sind daher gerundet, die Schichtfugen durch die atmosphärischen und Sickerwässer erweitert und Löcher sowie wabenförmige Ausnehmungen bedecken die Gesteinsoberflächen. Am Fuße der Wand lagern verstürzte Brocken, die gleichfalls chemisch stark angegriffen sind.

Ein tiefliegender, echter Blockstrom, dessen Trümmer vom Solifluktionsschutt auch über flache Hangstellen (10°) getragen wurden, ist mir nur von einer einzigen Stelle, bei Hintertullnerbach, bekannt geworden. Er zieht von einem ± 420 m hohen Rücken über einige Dutzend Meter nach Osten in einen Graben[21].

Auf den höchsten Erhebungen des Flyschwienerwaldes, die dem Bereich zwischen 600 und 900 m angehören, ist eine sprunghafte Steigerung der periglazialen Felsverwitterung festzustellen. So ist der relativ breite, mit den steil südfallenden Schichten asymmetrische First des Schöpfls (890 m) streckenweise ein richtiger Blockkamm, auf dem der ausbeißende harte Laaber Sandstein mehr oder minder in groben Schutt zerfallen ist. Noch stärker sind die zwar niedrigeren, aber zwischen Gräben zugeschärften Auslieger am Nordabfall des Schöpfls in Trümmer gelegt worden, auf denen sich der kaltzeitliche Frostschutt schon ab 500 m bemerkbar macht. Am intensivsten ist das Phänomen der periglazialen Kammverwitterung auf dem dem Schöpfl im Südwesten benachbarten Hendlberg ausgebildet, jedoch nur soweit dessen First dem Streichen der Schichten (Laaber Sandstein) folgt. Fast einen Kilometer wandert man über Blockfelder und 10—20 m hohe Felsburgen, die zusammen einen bewaldeten Trümmergrat bilden, der einem flachen Rücken ab etwa 700 m aufgesetzt ist. Sobald dieser jedoch nach Norden abbiegt, mit den steilstehenden Schichten also nicht mehr übereinstimmt, setzt der zusammenhängende Blockmantel aus.

Die die Schichtköpfe schneidenden steilen Rückhänge der Gräben am Nordabfall des Schöpfls sind das Hauptverbreitungsgebiet von Blockströmen und -meeren im Wienerwald. Sie fehlen auf der flacheren Südseite völlig. Die Mehrzahl der Blockströme nimmt von den Steilhängen, nicht vom Kamm des Schöpfls, ihren Ausgang. Die Ursprungsstellen liegen durchwegs über 700 m, in

[21] Höhe 423 rechts vom Strohzogelgraben, nordwestlich von Hintertullnerbach.

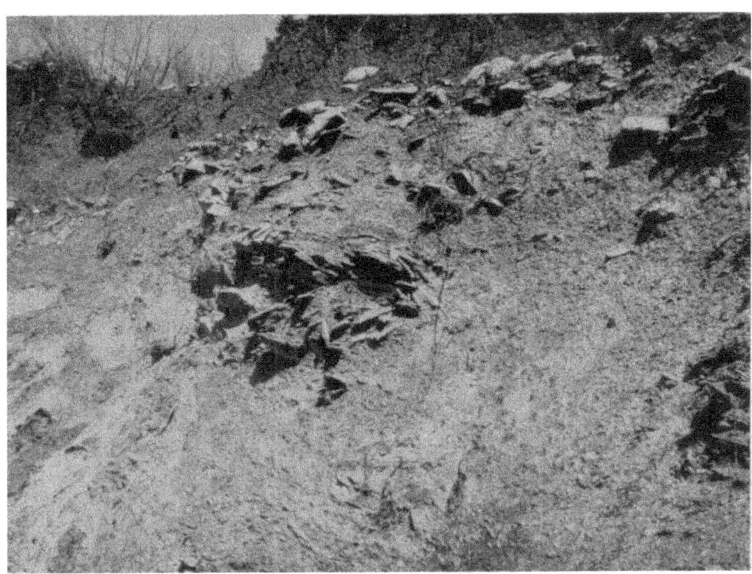

Fig. 1. Aufschluß nordwestlich des Riederbergsattels. Würgeformen in Tonschiefern und Plattenmergel, darüber eingeregelter Solifluktionsschutt mit dem rezenten Bodenhorizont. Phot. K. Wiche.

Fig. 2. Gegenwärtige Kammeissolifluktion im Vorfrühling (1957). Die Breizunge ging nach dem Schmelzen des Kammeises vom Hang eines Tobels ab. Die feuchtigkeitsspeichernde Humusschicht des Unterholzes wird unterhöhlt und bricht schließlich nach. Phot. K. Wiche.

einem einzigen Fall darunter[22]. Die Abbruchsstellen der Blöcke sind niemals hohe Wände, sondern zumeist nur wenige Meter dicke Schichtbänke, die zudem vielfach unter Blöcken begraben liegen. Die Blockstreu ist selten so dicht, daß Bäume nicht wurzeln könnten, örtlich aber doch so ausgedehnt, daß man von Blockmeeren sprechen kann. Die Blöcke wanderten auf der Solifluktionsdecke bis etwa auf 600 m hangabwärts. Von den echten Blockströmen, die von einer Wand oder einem felsigen Steilhang ausgehen, sind im Gebiet des Schöpfls stromartige Blockanhäufungen klar zu unterscheiden, die aus der Solifluktionsdecke ausgewaschen wurden. Trotzdem der Böschungswinkel mindestens 25—30^0 beträgt, konnten keine Anzeichen für rezente Wanderungen gefunden werden, abgesehen von den Lageveränderungen, welche die Blöcke bei Waldschlägerungen erfuhren.

Im Vergleich zu den Granitgebieten, wie dem Mühl- und Waldviertel, sind im Flyschwienerwald die periglazialen Felsformen und Blockströme sehr viel seltener. Die Ursache hierfür dürfte zunächst in den geringen Höhen des größeren Teiles der Wienerwaldkämme zu suchen sein. Eine merkliche Steigerung der kaltzeitlichen Frostverwitterung wird erst über 700 m offenkundig. Im übrigen neigen die Flyschgesteine wenig zur Bildung von Steilformen. Das geht u. a. daraus hervor, daß es auch im Bereich über 700 m nur bei Vorhandensein bestimmter, die Frostsprengung fördernder Faktoren zur Entwicklung typischer periglazialer Fels- und Akkumulationsformen (Blockströme) kam. Als solche sind steile Erosions- und Schichtkopfhänge sowie Nord- bzw. Ostexposition zu nennen. Zur Erhaltung der kaltzeitlichen Steilformen in der Gegenwart ist der Flysch viel weniger als andere Gesteine geeignet, weil er im ganzen Höhenbereich des Wienerwaldes zu leicht den Angriffen chemischer Agentien erliegt.

Die Rolle des Kammeises.

Zur Kammeisbildung kommt es im Wienerwald hauptsächlich im Vorfrühling, nach Strahlungsnächten und wenn gelegentlich noch Schnee fällt, der tagsüber schmilzt. Die Eisnadeln werden 4—5 cm lang und treten außer auf Wiesen und dicht bewachsenem Waldboden überall auf. Bevorzugte Standorte sind die zumeist vegetationslosen Wegeinschnitte und Tobelhänge, die beide vorwiegend in der Solifluktionsdecke liegen. An diesen Stellen kommt

[22] Dieser Blockstrom kommt vom steilen Osthang des westlichsten Schöpflausliegers (Höhe 666) und stammt von einer Wand, die bei ± 630 m liegt.

es beim Schmelzen des Kammeises, in den späten Vormittags- und frühen Nachmittagsstunden, je nach Exposition, zu sichtbarer Kammeissolifluktion. Die krümmelig aufgearbeitete oberste Bodenschicht rutscht an den 30—40° geneigten Tobel- oder Weghängen unter Bildung kleiner Wülste auf der für das Kammeis typischen glatten Unterlage ab oder bewegt sich als Breizungen in die Tobelgründe und auf die Wege, wobei auch kleine Steine mitgenommen werden (Taf. II, Fig. 2). Breizungen und -schlipfe gehen namentlich unter größeren Blöcken ab, die in das feinere Solifluktionsmaterial eingelagert sind. Das Feinmaterial unmittelbar unterhalb der Blöcke ist zur Zeit der Schneeschmelze besonders reichlich durchnäßt, weil das Sickerwasser auf seinem Weg durch das Lockermaterial die Blöcke umgeht und sich unter diesen wieder vereinigt. Durch das wiederholte Abgehen von Schlipfen entsteht eine Höhlung, über welcher der Block schließlich absackt. In ähnlicher Weise ist die feuchtigkeitsspeichernde Rasendecke an den Tobelkanten gefährdet. Sie wird von der Kammeissolifluktion untergraben und bricht nach. Im homogenen, von wenig Kleinschutt durchsetzten Gehängelehm bilden sich in Tobeleinschnitten beim Tauen des Kammeises oft gestreckte Rinnen, in denen vorübergehend das Schmelzwasser rieselt.

Im Vorfrühling kann die Kammeissolifluktion, je nach der Wetterlage, mit Unterbrechungen durch einige Wochen tätig sein. Sie führt vor allem an den Tobelhängen den Gerinnen viel Feinmaterial zu. Das Kammeis arbeitet ferner den Boden auf, dessen Krümmel nach dem Schmelzen und Trocknen leicht durch die Abspülung verschwemmt werden. Zufolge der zeitlichen und räumlichen Beschränkung der Kammeissolifluktion ist in der Gegenwart deren Bedeutung für die flächenhafte Denudation des Wienerwaldes allerdings geringer als die der Abspülung. Es ist jedoch anzunehmen, daß sie während der Kaltzeiten von erheblich größerer Wirksamkeit war, weil sie vor allem viel ausgedehntere vegetationslose oder nur schütter bewachsene Flächen erfassen konnte. Die edaphischen Bedingungen für die Kammeisbildung und -solifluktion waren stets sehr günstig, weil die periglazialen Hangschuttdecken des Flysch selten reich an tonigen und lehmigen, das Wasser bindenden Komponenten sind.

Zusammenfassung.

Das Gekriech des Wienerwaldes ist unter Berücksichtigung seiner durch den Untergrund bedingten lithologischen Zusammensetzung den Solifluktionsdecken der deutschen Mittelgebirge vergleichbar und ist wie diese eine periglaziale, in der Würmzeit entstandene Bildung. Außer räumlich begrenzten, jungen Sackungen in dem allgemein sehr lehmreichen kaltzeitlichen Hangschutt und seltenen Felsschlipfen in wasserstauenden Tonschiefern, gibt es nur an mehr als 30—35° geneigten Böschungen, wie in den Einschnitten der Tobel, flächenhafte Bewegungen im Schutt. Ähnlich wie in den Granitgebieten sind unter den Solifluktionsdecken des Wienerwaldes warmzeitliche Verwitterungshorizonte, zum Teil als fossile Böden, begraben.

Durch das kaltzeitliche Hangkriechen wurde in den obersten Talverzweigungen die Tätigkeit der Bäche weitestgehend unterbunden und durch Muren bzw. Schuttströme ersetzt. Selbst in den größeren Tälern konnten die Solifluktionsmassen fluviatil nicht bewältigt, d. h. sortiert und geschichtet werden. Dies war erst in den unteren Abschnitten der Sammeladern der Fall. Nur bei plötzlich eintretender Schneeschmelze und durch diese hervorgerufener extremer Wasserführung gewannen die Gerinne die Oberhand. Sie waren jedoch durch wechselseitig in die Talgründe vorstoßende Hangschuttströme zu Mäandern bzw. weiten Bögen gezwungen, die sie zumeist bis in die Gegenwart beibehielten.

Mit dem rasch erfolgenden Klimaumschwung vom Hoch- zum Spätglazial vollzog sich auch ein rascher Wandel in den formengestaltenden Vorgängen. An die Stelle flächenhafter Denudation an den Hängen und Akkumulation in den Tälern trat die linienhafte Erosion. Die periglazialen Wanderschuttmassen wurden zur Solifluktionsterrasse zerschnitten, die im Flyschwienerwald eine Leitform der jungpleistozänen Entwicklung darstellt. Sie ist im Querschnitt stets konkav und verflößt sich mit den Hängen (Muldentäler). Talaus geht sie in eine ebene Flußterrasse über (Sohlentäler).

Noch während des Spätglazials hatten sich die Bäche ungefähr bis zur heutigen Taltiefe eingeschnitten und waren im gleichen Zeitraum zu seitlicher Erosion und Akkumulation übergegangen. Diese Aufschüttung ist im Gegensatz zur Solifluktionsterrasse in allen Tälern, bis in die Tobelausmündungen, eine rein fluviatile Bildung. Sie entspricht dem Kälterückfall während der jüngeren Tundrenzeit. Während *eines* Abschnittes des Pleistozäns haben also Tiefen- und Seitenerosion, Ausräumung und Aufschüttung mehrmals gewechselt.

Die letzte Phase, neuerliche Zerschneidung und Bildung einer Hochwassersohle, fällt ins Postglazial, dessen Auswirkung auf die Talformung gering ist, weil die Bäche praktisch noch in ihren Aufschüttungen arbeiten. Nur in den steilen Tobeln, deren Gründe bis zu mehreren Metern in das Anstehende eingreifen, herrscht seit dem letzten Hochglazial ununterbrochene Tiefenerosion.

Für die noch ausstehende Korrelation der Wienerwaldterrassen mit jenen der Donau kommt der Solifluktions- bzw. der äquivalenten fluviatilen Terrasse große Bedeutung zu, weil sie mit würmeiszeitlichen Hangschuttdecken verknüpft und daher eindeutig zu datieren sind.

In der Solifluktionsdecke der Flyschberge treten Trockenfurchen auf, die, oft bogenförmig, schräg zur Fallinie verlaufen und durch Solifluktionswülste vorgezeichnet waren. Sie sind im Spätglazial, im Anschluß an Grundwasseraustritte, während des Tauprozesses des Dauerfrostbodens, entstanden, als die Schuttdecke vorübergehend mit Feuchtigkeit übersättigt war.

An periglazialen Felsformen ist der Flyschwienerwald arm, weil die Mehrzahl der Kämme zu geringe Höhen erreicht und die Gesteine wenig zu Wandbildungen neigen. Erst über 700 m trifft man auf im Schichtstreichen verlaufende Blockkämme mit Felsburgen und im Anschluß an Schichtkopfwände in Nord- oder Ostexposition auf typische Blockströme. Im gegenwärtigen Klima werden die kaltzeitlichen Steilformen in den durch die chemische Verwitterung leicht angreifbaren Sandsteinen und Mergeln abgeflacht und zerstört.

Literaturverzeichnis.

BÜDEL, J.: Die morphologischen Wirkungen des Eiszeitalters im gletscherfreien Gebiet, Geol. Rdsch. 1924.

— Eiszeitliche und rezente Verwitterung und Abtragung im ehemals nicht vereisten Teil Mitteleuropas. P. M. Ergh. 229, 1937.

DEECKE, W.: Über Blockhalden und Felsenmeere in Baden. Ber. d. Naturf. Ges. zu Freiburg/Breisgau 1935.

EBERS, E.: Die Periglazial-Erscheinungen im bayerischen Teil des eiszeitlichen Salzach-Vorlandgletschers. Gött. Geogr. Abh., H. 15, 1954.

FEZER, F.: Eiszeitliche Erscheinungen im nördlichen Schwarzwald. Forsch. z. d. Ldskde. 87, 1957.

FINK, J. und MAJDAN, H.: Zur Gliederung der pleistozänen Terrassen des Wiener Raumes. Jb. Geol. B. A. Wien 1954.

GÖTZINGER, G.: Beiträge zur Entstehung der Bergrückenformen. Pencks Geogr. Abh. 1907.

GÖTZINGER, G. und VETTERS, H.: Der Alpenrand zwischen Neulengbach und Kogl. Seine Abhängigkeit vom Untergrund in Gesteinsausbildung und Gebirgsbau. Jb. Geol. B. A. 1923.

GÖTZINGER, G.: Neue Studien über die Oberflächengestaltung des Wienerwaldes und dessen Untergrund. Mitt. Geogr. Ges. Wien 1933.

— Landschafts- und formenkundliche Lehrwanderungen im Wienerwald. Mitt. Geogr. Ges. Wien 1941.

GÖTZINGER, G.: Neue Beobachtungen über Bodenbewegungen in der Flyschzone. Mitt. Geogr. Ges. Wien 1943.
— Die Flyschzone. In: Erläuterungen zur geologischen Karte der Umgebung von Wien, Wien 1954.
HASSINGER, H.: Geomorphologische Studien aus dem inneralpinen Wiener Becken und seinem Randgebirge. Pencks Geogr. Abh. 1905.
HEMPEL, L.: Studien über Verwitterung und Formenbildung im Muschelkalk-Gestein. Gött. Geogr. Abh. H. 18, 1955.
HÖVERMANN, J.: Morphologische Untersuchungen im Mittelharz. Gött. Geogr. Abh. H. 2, 1949.
— Die Periglazial-Erscheinungen im Harz. Gött. Geogr. Abh. H. 14, 1953.
— Die Periglazial-Erscheinungen im Tegernseegebiet (bayerische Voralpen). Gött. Geogr. Abh. H. 15, 1954.
KLAER, W.: Verwitterungsformen im Granit von Korsika. P. M. Ergh. 261, 1956.
LEHMANN, O.: Die Talbildung durch Schuttgerinne. Penck-Festband 1918.
LICHTENECKER, N.: Beiträge zur morphologischen Entwicklungsgeschichte der Ostalpen: 1. Die nordöstlichsten Alpen. Geogr. Jber. aus Österr. 1938.
MENSCHING, H.: Schotterfluren und Talauen im Niedersächsischen Bergland. Gött. Geogr. Abh. H. 4, 1950.
POSER, H.: Die Oberflächengestaltung des Meißnergebietes. Jb. Geogr. Ges. Hannover 1933.
— Talstudien aus Westspitzbergen und Ostgrönland. Z. Glschkde. 1936.
— Die Niederterrassen im Okertal als Klimazeugen. Abh. Braunschw. Wiss. Ges. 1950.
POSER, H. und HÖVERMANN, J.: Untersuchungen zur pleistozänen Harzvergletscherung. Abh. Braunschw. Wiss. Ges. 1951.
— Beiträge zur morphometrischen und morphologischen Schotteranalyse. Abh. Braunschw. Wiss. Ges. 1952.
SCHAEFER, I.: Die diluviale Erosion und Akkumulation. Forsch. z. d. Ldskde. 49, 1950.
SCHENK, E.: Die Mechanik der periglazialen Strukturböden. Abh. Hess. Landesamtes f. Bodenf. 13, 1955.
SOERGEL, W.: Die Ursachen der diluvialen Aufschotterung und Erosion. Berlin 1921.
SÖLCH, J.: Ein Beitrag zur Morphologie des Wienerwaldes. Mitt. Geogr. Ges. Wien 1943.
SPREITZER, H.: Die Talgeschichte und Oberflächengestaltung im Flußgebiet der Innerste. Jb. Geogr. Ges. Hannover 1931.
TROLL C.: Strukturböden, Solifluktion und Frostklimate der Erde. Geol. Rdsch. 1944.

Die in den Sitzungsberichten Abtlg. I und Abtlg. IIa der math.-nat. Klasse der Österr. Ak. d. Wiss. erscheinenden Abhandlungen werden auch einzeln abgegeben. Sie können durch jede Buchhandlung oder direkt durch die Auslieferungsstelle der Österreichischen Akademie der Wissenschaften (Wien I, Singerstraße 12) bezogen werden.

Nachfolgende Abhandlungen aus dem Fache **Botanik** (Biologie) sind erschienen:

1953 (S I Bd. 162):

Cholnoky B. J. v.: Beobachtungen über die Plasmolyse II. Zur Protoplasmatik der Staubblatthaarzellen von Tradescantia (mit 31 Textabbildungen). S 11.40

Cholnoky B. J. v., und Schindler H.: Die Diatomeengesellschaften der Ramsauer Torfmoore (mit 41 Textabbildungen). S 15.60

Hirn Ilse: Vitalfärbung von Diatomeen mit basischen Farbstoffen (mit 8 Textabbildungen). S 16.20

Huber Elfriede: Beitrag zur anatomischen Untersuchung der Antheren von Saintpaulia (mit 6 Textabbildungen). S 4.90

Lenk Ingeborg; Über die Plasmapermeabilität einer Spirogyra in verschiedenen Entwicklungsstadien und zu verschiedener Jahreszeit (mit 1 Textabbildung und 1 Tafel). S 20.—

Loub W.: Zur Algenflora der Lungauer Moore (mit 3 Textabbildungen). S 22.90

Wimmer Ch., und Höfler K.: Über die Eigenfluoreszenz lebender, absterbender und toter Florideenzellen (mit 3 Textabbildungen). S 9.60

Diskus A.: Vom Osmoseverhalten halophiler Euglenen vom Neusiedler See (mit 3 Tafeln). S 8.50

1954 (S I Bd. 163):

Kiermayer O.: Die Vakuolen der Desmidiaceen, ihr Verhalten bei Vitalfärbe- und Zentrifugierungsversuchen (mit 23 Textabbildungen), 48 Seiten. S 32.30

Loub W., Url W., Kiermayer O., Diskus A., und Hilmbauer K.: Die Algenzonierung in Mooren des österreichischen Alpengebietes (mit 1 Textabbildung und 3 Tafeln), 48 Seiten. S 26.70

Luhan Maria: Zur Wurzelanatomie unserer Alpenpflanzen III. Gentianaceae (mit 4 Textabbildungen und 1 Tafel), 19 Seiten. S 14.90

Poelt J.: Moosgesellschaften im Alpenvorland I (mit 3 Textabbildungen), 34 Seiten. S 15.10

Poelt J.: Moosgesellschaften im Alpenvorland II (mit 1 Textabbildung), 45 Seiten. S 26.50

Scheidl W.: Auslösung von Vakuolenkontraktion durch undissoziierte Basen (mit 12 Textabbildungen und 15 Diagrammen), 44 Seiten. S 28.—

Schiller J.: Über Cyanophyceen aus kleinen künstlichen Wasserbecken und aus dem Ruster Kanal des Neusiedler Sees (mit 17 Textabbildungen [49 Einzelbilder]), 31 Seiten. S 23.40

1955 (S I Bd. 164):

Hölzl J.: Über Streuung der Transpirationswerte bei verschiedenen Blättern einer Pflanze und bei artgleichen Pflanzen eines Bestandes (mit 8 Textabbildungen). S 40.—

Huber Elfriede: Vitalfärbungsversuche an Hochmooralgen mit leeren und vollen Zellsäften (mit 13 Abbildungen auf 3 Tafeln). S 36.40

Kiermayer O.: Über die Reduktion basischer Vitalfarbstoffe in pflanzlichen Vakuolen (mit 4 Tafeln und 1 Farbtafel). S 25.20

Loub W.: Algenbiozönosen des Neusiedler Sees (mit 9 Textabbildungen). S 22.—

Url W.: Resistenz von Desmidiaceen gegen Schwermetallsalze (mit 8 Abbildungen auf 2 Tafeln). S 23.—

Ziegler Annemarie: Die blau fluoreszierenden Idioblasten der Scrophulariaceen: Morphologie, Mikrochemie und Vitalfärbbarkeit (mit 19 Abbildungen im Text und auf 3 Tafeln). S 46.90

1956 (S I Bd. 165):

Abel W. O.: Die Austrocknungsresistenz der Laubmoose (mit 14 Abbildungen im Text und auf 5 Tafeln). S 73.30

Fetzmann Elsa Leonore: Beitrag zur Algensoziologie (mit 3 Textabbildungen, 4 Tafeln und 1 Beilage). S 73.60

Lenk Ingeborg: Vergleichende Permeabilitätsstudien an Süßwasseralgen (Zygnemataceen un einige Chlorophyceen) (mit 7 Textabbildungen). S 83.60

Sperlich A.: Die Fortpflanzungstüchtigkeit (Phyletische Potenz) des Fremdbefruchters. Nacb Versuchen mit drei Formen des Alectorolohus hirsutus (Lam.) Alb. S 58.90

1957 (S I Bd. 166):

Politis J.: Über die „Tanninoplasten" oder Gerbstoffbildner der Crassulaceae (mit 2 Textabbildungen und 1 Tafel). S 6.—

Politis J.: Über einen neuen Pflanzenfarbstoff in den Blüten einiger Verbascum-Arten (mit 2 Tafeln). S 5.20

Übeleis Ilse: Osmotischer Wert, Zucker- und Harnstoffpermeabilität einiger Diatomeen (mit 1 Textabbildung).